“六·五”世界环境日系列宣传手册

如何应对雾霾

燕鲁创作工作室　编

中国环境出版集团·北京

图书在版编目（CIP）数据

如何应对雾霾/燕鲁创作工作室编.—北京：中国环境出版集团，2016.5（2018.4重印）
（“六·五”世界环境日系列宣传手册）
ISBN 978-7-5111-2770-9

Ⅰ.①如… Ⅱ.①燕… Ⅲ.①空气污染—污染防治—手册 Ⅳ.①X51-62

中国版本图书馆CIP数据核字（2016）第079028号

出 版 人　武德凯
策划编辑　葛　莉
责任编辑　宾银平　董蓓蓓　郑中海
撰　　文　邓延陆　彭玉兰
绘　　图　陈　晞　林　翠
装帧设计　林　翠
责任校对　任　丽

出版发行　中国环境出版集团（100062 北京市东城区广渠门内大街16号）
网　　址：http://www.cesp.com.cn
电子邮箱：bjgl@cesp.com.cn
联系电话：010-67112765（编辑管理部）
010-67113412（第二分社）
发行热线：010-67125803 010-67113405（传真）
印　　刷　北京中科印刷有限公司
经　　销　各地新华书店
版　　次　2016年5月第1版
印　　次　2018年4月第5次印刷
开　　本　787×1092　1/32
印　　张　1
字　　数　30千字
定　　价　3.00元

目 录

何为雾霾？——从发达国家说起

雾霾从何而来？

PM2.5——“霾危害”的罪魁祸首

国家应对雾霾天气的举措

提高意识——不做雾霾形成的“贡献者”

防霾八招

编者的话

雾霾天气，已经成为社会热词和热门新闻事件之一。雾霾的确给我们的生活和健康带来了不可忽视的影响，人们一度“谈‘霾’色变”。其实，雾霾的产生是严重大气污染的必然结果，始作俑者归根结底还是我们人类自己。

“霾”也并不是什么新鲜名词，早在两千多年前的《诗经》中就有了“霾”的记述。当然，雾霾并非我国独有，从20世纪30年代起，因为雾霾引发的环境公害事件在西方发达国家就曾屡屡发生。著名的伦敦烟雾事件、洛杉矶光化学烟雾事件、日本四日市哮喘事件等，都笼罩着“霾”的阴影。

产生“霾”危害的罪魁祸首——PM2.5同样早已有之。只不过正如其他环境污染事件一样，人们对“霾”的成因及其危害性从浑然不觉、司空见惯到骤然爆发、惊恐不已，并非一蹴而就，而是一个从量变到质变的过程。当污染发展到严重程度后，雾霾才会像沙尘暴、臭氧层“空洞”、全球变暖那样被我们后知后觉。因此，雾霾天气实际上就是“大自然的报复”！

霾既来，则须应对。在全国上下奋力落实《大气污染防治行动计划》的同时，一方面，我们要自我反省，不再做PM2.5和雾霾的“贡献者”；另一方面，也应学会尽量减少雾霾天气带来的危害。这正是我们出版本书的目的与期待。

本书在编绘时引用了部分资料，因种种原因无法与原作者取得联系，敬请谅解。

何为雾霾？——从发达国家说起

“霾”被视为洪水猛兽，人们曾一度谈“霾”色变。当雾霾天气持续影响我们的日常生活时，正确地认识雾霾并采取科学对策减轻其影响与危害，是十分必要的。

1. 雾霾首现于发达国家

雾霾是世界性的问题，并非我国独有。而是从 20 世纪中期以后就首先在工业污染严重的发达国家陆续出现。40 年代初在美国洛杉矶发生了“光化学烟雾事件”，1952 年冬在英国伦敦发生了“烟雾污染事件”，60 年代初在日本四日市发生了“哮喘事件”，这些均被列入“世界八大著名环境公害事件”。

2. 古已有之的“霾”

其实，“雾霾”和“霾”也并非什么新名词。早在 2 500 多年前，我国“四书五经”之一的《诗经》中便有记载——“终风且霾”的描述出现在春秋战国时期著名女诗人卫庄姜的《邶风·终风》中。在唐代诗圣杜甫的《兵车行》中，则描述了“霾”的景象和成因：大军车马过后，“车辚辚，马萧萧……尘埃不见咸阳桥”。

3. “霾”的演化

古人当时只把“霾”看作是一种由于天空中尘埃过多而在风停后出现的天空灰蒙蒙的灰霾（古人也称为“烟霾”“阴霾”）天气，而并非是大气遭到严重污染的后果。

近年来，随着全球性大气污染的加剧，“霾”这种天气现象逐渐在世界各地出现。我国在 1936 年刊行（1979 年修订）的《辞海》中，就有了对“霾”的解释：“大气混浊呈浅蓝色（以物体为背景），由微浮的细微烟、尘或盐粒所致。”

2005 年，世界卫生组织加强了对雾霾形成原因的科学研究，并对雾霾形成的“元凶”PM2.5 的年均浓度规定了限值。

2012 年 3 月 2 日，环境保护部发布了新修订的《环境空气质量标准》，增加了 PM2.5 作为监测指标，PM2.5 由“民间热词”变为国家评价空气质量的指标。

4.“雾”与“霾”的区别

雾是由大量悬浮在近地面空气中的微小水滴或冰晶组成的，是使能见度降低的自然现象，是近地面空气中的水汽凝结（或凝华）的产物。一般来说，雾对人体健康的影响不大（除非空气中含有较多的大气污染物）。

霾则是由于空气中悬浮着大量的微细颗粒物（俗称为“尘埃”）所导致的浑浊天气现象，也是大气遭到严重污染而出现的浑浊天气现象。霾可使水平能见度降低到 10 千米以下，甚至可降至为零。

在有霾的天气里，由于形成霾的微细颗粒物上黏附着相当多的有毒有害化学物质，有的微细颗粒物本身就是有毒有害化学物质，因此霾对人体健康有害。

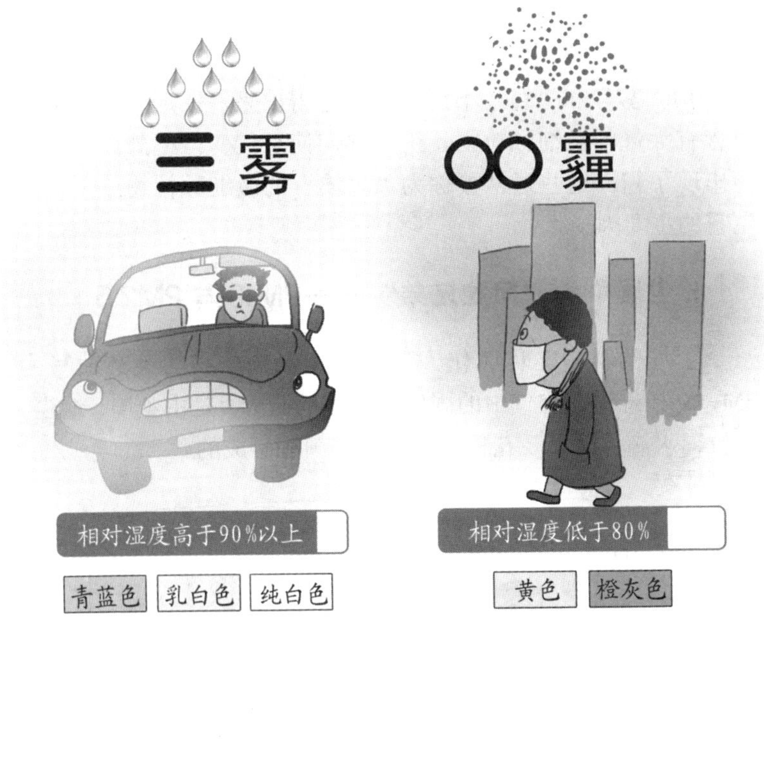

雾霾从何而来？

由“雾”和“霾”不同的概念看得出来，在形成霾的空气里含有大量的微细颗粒物。正是它们使空气变得格外浑浊，从而出现了霾。这些通常被称为“尘埃”的微细颗粒物，正是产生霾的主要因子。

1. 尘埃中的“同胞兄弟”——PM10 与 PM2.5

尘埃的科学名称叫作大气颗粒物，颗粒物的英文缩写为PM，泛指悬浮在空气中的固体和液体的微粒，是由尘埃、烟尘、盐粒、水滴、冰晶及花粉、孢子、细菌等组成的。

在大气颗粒物中，对空气浑浊度和人类健康影响和危害最大的是粒径小于（或等于）10 微米和 2.5 微米的两类，分别叫作 PM10 和 PM2.5。它们是尘埃中的“同胞兄弟”，PM10 个头儿大，PM2.5 个头儿特别小。

PM10 也称为“可吸入颗粒物”，泛指直径小于或等于 10 微米的颗粒物，仅相当于头发丝直径的五分之一左右。

PM2.5 也称为“细颗粒物”或“可入肺颗粒物”，泛指直径小于或等于 2.5 微米的颗粒物，仅相当于头发丝直径的二十分之一左右。PM2.5 不仅能在大气中长期飘浮，而且还极容易吸附大量的有毒有害物质，比 PM10 飘浮得更久、输送的距离更远，因而对人类健康和大气环境质量影响和危害更大。大量科学研究表明，PM2.5 是形成“霾危害”的元凶。

2. 形成雾霾天气的气象"帮凶"

在我国各地尤其是北方城市区域及周边地区，PM2.5 的平均浓度在冬季最高，秋季与春季次之，而在夏季最低。

这是由于冬天干旱少雨、风速缓慢，气象条件不利于污染物扩散，尤其是出现"逆温层"的几率很大，空气的垂直、水平流动和交换能力明显变弱，大量的 PM2.5 被滞留在低空大气层中，并逐渐积聚而形成霾。而夏天潮湿多雨，降水多而频繁，雨水冲刷有助于使空气中夹带的 PM2.5 沉降下来，大气中的尘埃总量会明显下降，因此夏季 PM2.5 浓度较低，不易形成霾。

由此可见，雾霾天气形成的直接原因是空气中的污染物尤其是 PM2.5 和雾气无法扩散。它们聚集在一个小的区域范围内，相对浓度较大，再加上空气对流较弱，因而较容易形成霾。不过，当刮风时，空气对流明显增强，空气中的污染物尤其是 PM2.5 和雾气很快被风吹散，PM2.5 的浓度会迅速降低，大气的自净能力加强。

PM2.5——“霾危害”的罪魁祸首

既然 PM2.5 才是导致霾危害的元凶与罪魁祸首，那么认识 PM2.5 的来源与具体危害，并且通过我们的努力减少 PM2.5 的产生和雾霾天气的发生，就十分必要。

1. PM2.5 从哪里来？

PM2.5 的来源非常广泛和复杂，除了火山爆发、森林火灾、飓风、土壤和岩石的风化等自然因素之外，更多的是由我们的经济活动与日常生活消费活动所产生的。

目前，能够被确认的 PM2.5 的人为来源，包括燃料燃烧、工业烟气与粉尘、建筑工地扬尘、交通运输中的汽车尾气、人们不合理的生活消费活动等。

□燃煤污染

由于我国大多数燃煤设施的除尘设备效率较低，一般只能脱除粒径较大的颗粒物，无法阻止像 PM2.5 这样小的微细颗粒物进入大气形成污染。而且，燃煤所产生的烟尘中多富集着有毒有害的重金属（如砷、铅、铬、汞）及多环芳烃等有机污染物，容易致癌或致突变，因而对人体健康危害极大。

□汽车尾气污染

汽车尾气中含有大量的污染物已经是众所周知，殊不知汽车尾气中的微细颗粒物更是城市 PM2.5 的主要来源之一。其中，柴油车的尾气中超过 92% 是直径在 2.5 微米以下的微细颗粒物，原油燃烧排放的气体中 2.5 微米以下的微细颗粒物更是占到了 97%！

□建筑工地扬尘

扬尘泛指产生于地球表面风蚀等自然过程，以及道路、农田、堆积场和建筑工地等人为产生

的颗粒物。其中，建筑工地扬尘、裸露地的扬尘与道路扬尘是PM2.5 的主要来源。

□工业烟气与粉尘污染

燃煤锅炉和工业窑炉，以及冶金、建材、化工、炼焦、有色金属冶炼、水泥、砖瓦等行业所排放的烟气和粉尘，也是大气中 PM2.5 的主要来源。

2. PM2.5 对健康的危害不可小觑

PM2.5 对健康的影响与危害是多方面的。

由于 PM2.5 属于可入肺颗粒物，一旦被吸入肺部，长期作用可使部分支气管和肺泡的换气功能下降和受损。尤其是那些附着有害物质的PM2.5 会刺激或腐蚀肺泡壁，削弱呼吸系统的

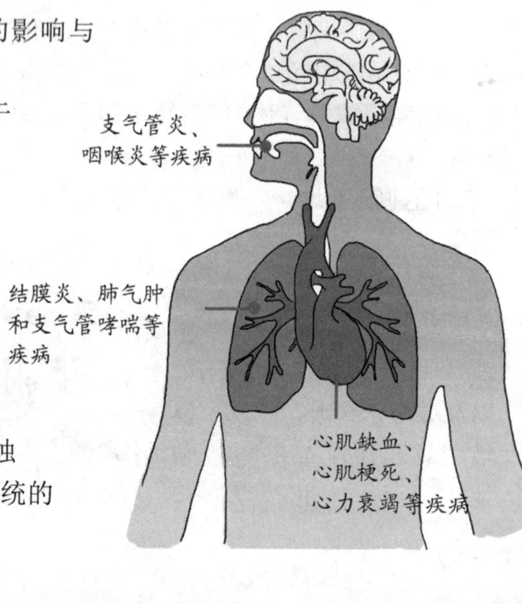

防御功能，引发支气管炎、咽喉炎、结膜炎、肺气肿和支气管哮喘等呼吸道疾病，甚至会使心肌缺血、心肌梗死、心力衰竭、心律失常和中风等心脑血管疾病发生的风险增高。

研究表明，大气中 PM2.5 的日平均浓度每升高 10 微克 / 米^3，肺癌死亡率会增加 8%。

3. 哪些人群最容易遭受 PM2.5 的危害？

研究表明，婴幼儿、儿童、老年人、糖尿病人、心血管疾病患者、有慢性肺部疾病（如支气管炎、肺气肿和支气管哮喘等）的病人、肥胖人群，都对 PM2.5 的危害比较敏感。据估测，大气中 PM2.5 的日平均浓度每升高 20 微克 / 米^3，儿童急性下呼吸道感染的风险将增加 8%！

国家应对雾霾天气的举措

党和政府高度重视雾霾天气频发的状况，采取了一系列应对雾霾天气和PM2.5的对策。

1. 城市空气质量监测和预报的“进化”

2012年3月2日，环境保护部发布了新修订的《环境空气质量标准》（GB 3095—2012）。在新的环境空气质量国家标准中，增加了“臭氧”和“PM2.5”两项新的污染物浓度的环境监测项目，规定PM2.5的24小时平均浓度限值为35微克/米^3（一级）和75微克/米^3（二级），年平均浓度限值为15微克/米^3（一级）和35微克/米^3（二级）。与此同时，国家对影响大气质量的相关污染物最高浓度限值提出了更为严格的要求。

2. 大气污染防治行动计划

2013年9月12日，国务院发布了《大气污染防治行动计划》。

国务院提出，全国上下通过五年努力，“到 2017 年，全国地级及以上城市可吸入颗粒物浓度比 2012 年下降 10% 以上，优良天数逐年提高；京津冀、长三角、珠三角等区域细颗粒物浓度分别下降 25%、20%、15% 左右，其中北京市细颗粒物年均浓度控制在 60 微克 / 米^{3}左右”。这是当前和今后一个时期全国大气污染防治工作的行动指南，也是国家减少雾霾天气发生所采取的重大举措。

为了实现这个艰巨的目标，《大气污染防治行动计划》确定了十项具体措施，包括加大综合治理力度、减少污染物排放、调整优化产业结构、加快企业技术改造、加快调整能源结构、严格投资项目节能环保准入、健全法律法规体系、严格依法监督管理、建立区域协作机制等。这些措施对于改善我们的生活环境质量将有重大帮助。

□对重污染企业和高耗能企业再敲“警钟”

国家对重污染企业和高耗能企业再敲

"警钟"，提出了全面整治燃煤小锅炉，加快推进集中供热、"煤改气""煤改电"工程建设，加快重点行业脱硫、脱硝、除尘改造工程建设，推进挥发性有机物污染治理等一系列行动措施。

□发展清洁能源——让燃煤退出主要燃料的历史舞台

燃煤所产生的 PM2.5，占 PM2.5 总量的 19% ～ 34%（据京津冀地区统计）。而减少燃煤烟尘污染的根本出路，在于发展清洁能源，如地热能、风能、太阳能、生物质能。

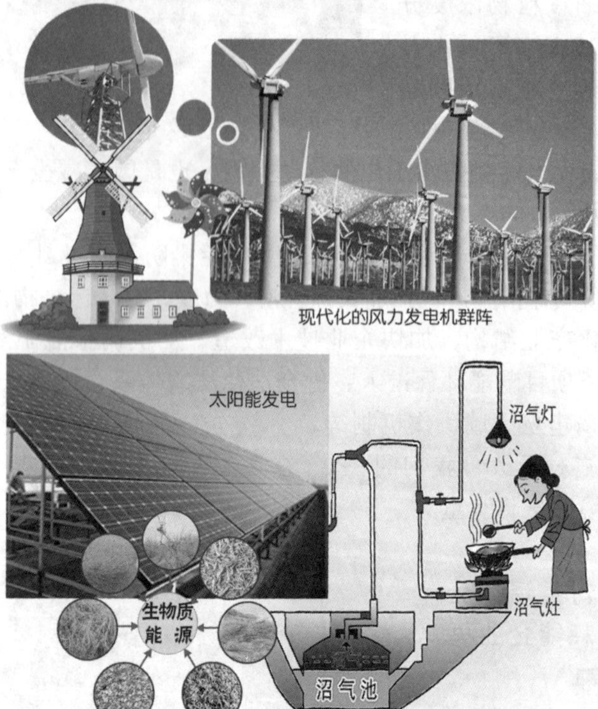

形形色色的清洁新能源

□控制城区扬尘——建筑业首当其冲

扬尘所产生的 PM2.5，占 PM2.5 总量的 6% ～ 7%（据京津冀地区统计），其中又以建筑工地扬尘最多。国家为此推出了“加强施工扬尘监管，积极推进绿色施工，建设工程施工现场应全封闭设置围挡墙，严禁敞开式作业，施工现场道路应进行地面硬化。渣土运输车辆应采取密闭措施，并逐步安装卫星定位系统”等一系列强制性措施。

提高意识——不做雾霾形成的“贡献者”

“防治灰霾，人人有责”，防治大气污染不仅是国家、各级政府和企业的事，也是我们每一个人的责任。我们是雾霾和PM2.5 污染的受害者，同时，我们在日常生活中的一些污染环境的行为，也在一定程度上催生了 PM2.5。

1. 我们也在催生 PM2.5

城市污染是从哪里来的？不是外星人排放的，也不只是污染企业排放的，许多污染正来源于我们自己。例如，城市空气污染很大部分都来自机动车，然而都是谁在开车呢？其实，我们是不是也要把自己的责任纳入其中呢？应该说，我们每个人对 PM2.5 与雾霾天气的产生都有责任。我们的一些不良生活习惯也在促使着 PM2.5 与雾霾天气的加剧！

餐饮业油烟污染

露天焚烧（垃圾、树叶、农作物秸秆）

露天烧烤

烧散煤的炉灶

随意燃放烟花爆竹

2. 从身边做起，让 PM2.5 远离

在日常生活中，一些绿色行为不仅可以减少资源浪费和废物排放，同时也可减少雾霾和 PM2.5 污染的产生和形成。

少开一天车

多坐公交车

多种一棵树

使用新能源

不再烧散煤

骑骑自行车

不搞自驾游

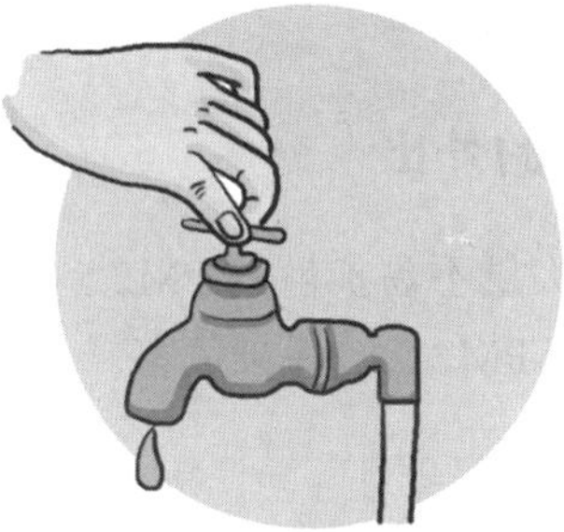

不要长流水

随手关电灯

吃饭要"光盘"，剩餐打包好

尽量少吸烟

防霾八招

据估计，当前频繁出现的雾霾和 PM2.5 污染并非一朝一夕就可以消除，恢复神州处处是蓝天和空气清新的景象尚待时日。一方面，我们不必“谈‘霾’色变”，而应通过全社会的努力驱除雾霾和 PM2.5 污染；另一方面，也可以尽量采取一些措施，减轻雾霾和 PM2.5 污染对身体健康的影响。

1. 当雾霾袭来——减少不必要的外出

雾霾天气出现时，空气中悬浮着大量不易扩散的 PM2.5 污染物。因此，尽量少出门可以避免霾和 PM2.5 的污染危害。

尤其是在当地气象台通过媒体发布霾黄色预警或橙色预警之后，呼吸道疾病患者更应当尽量减少外出，必须外出时应当戴上口罩。

在当地气象台通过媒体发布了霾红色预警之后，人们应当停止户外活动，并且关闭室内门窗，等到预警解除后再开窗换气；儿童、老年人和易感人群更应留

在室内，切勿外出。

2. 合理运动——莫让锻炼变“吸尘”

雾霾天不宜在室外从事锻炼活动。雾霾天气时，空气中的PM2.5和细菌较多，尤其是清晨更是如此。晨练时，人体需要的氧气量增加，随着呼吸的加深，雾霾中的PM2.5和细菌等有害物质会被大量吸入呼吸道，从而危害健康。

因此，遇上雾霾天气，最好暂停户外锻炼，改在室内进行。如果需要进行户外运动，也应当选择在中午雾少时进行。

雾霾天最好在室内活动，不宜在户外锻炼

3. 室内通风——开窗还是关窗？

不要觉得在雾霾天气时室内就不需要通风换气了。因为家里会有厨房油烟污染、家具添加剂污染等，如果不通风换气，污浊的室内空气同样会危害健康。但是当雾霾天气发生时，在通风换气的时候往往会使室外被污染的空气涌入室内。为了减少PM2.5涌入的几率，办公室和家里既不能不开窗，也不能盲目开窗，通风换气最好选择在中午阳光最强的时候，持续时间在20～30分钟为宜。

4. 口鼻“把门”——戴口罩讲科学

雾霾天的PM2.5浓度很高，出门戴口罩、穿长衣和戴帽子，可以减少人体对PM2.5的接触。尤其是戴口罩，不仅可滞留并阻止吸入PM2.5，有效地保护健康人群的心血管系统，还可以防止心血管疾病、呼吸系统疾病患者症状的发作或恶化。

不同类型的口罩对PM2.5的阻挡效果不一样，例如职业防尘口罩（如N95、KN90）对PM2.5的阻挡效率达97%以上；医用外科口罩的阻挡效率在80%左

右；即便是普通的多层棉纱口罩的阻挡效率也可以达到 30% 左右。普通市民平常外出戴多层棉纱口罩也可以减少 PM2.5 的吸入。

5. 清洁“三部曲”——洗脸洗鼻洗口罩

在雾霾天气外出时，皮肤和鼻腔、口罩都会黏附较多的 PM2.5，倘若不及时加以清除，会对身体健康造成侵害。因此在外出归来回到室内后，应当逐步做到“雾霾保健三部曲”，具体见图。

及时清洗脸部及裸露皮肤

用棉签蘸清水或者淡盐水清洗鼻腔

及时清洗口罩并在阳光下晾晒消毒

6. 驾车外出——“有车一族”请注意

在雾霾天气，空气能见度会非常低，漂浮在空气中的细微颗粒会阻碍视线，所以为了自己和他人的安全，“有车一族”在驾车时也应注意采取以下措施：

□打开车灯

务必在行车时打开车灯，至少要打开示阔灯向其他车辆提示你的位置。如果能见度非常低，就要打开前、后雾灯。

□降低车速

雾霾中行车时，要严格遵守交通规则限速行驶，千万不可开快车。雾越大，可视距离越短，车速就必须越低。

□尽量不开车窗

在雾霾天气行车，尽量不要打开车窗通风。

□选好车道

在驾车行驶的时候，如果是单向三条车道的话，尽量行驶在中间的车道，这样如果道

路两边出现什么情况，也好及时处理。

7. 关注预警——雾霾信息早知道

雾霾天气一旦出现，中央气象台和当地气象台会发布雾霾预警预报。我们可以通过雾霾预警等级决定自己的活动。

□霾黄色预警

（1）机动车驾驶人员应当小心驾驶。

（2）呼吸道疾病患者尽量减少外出，外出时应当戴上口罩。

霾黄色预警信号

□霾橙色预警

（1）机动车驾驶人员必须谨慎驾驶。

（2）人们要减少户外活动，尤其是呼吸道疾病患者应尽量避免外出，外出时应当戴上口罩。

霾橙色预警信号

□霾红色预警

（1）停止户外活动，关闭室内门窗，等到预警解除后再开窗换气；儿童、老年人和易感人群留在室内。

（2）外出时戴上口罩；尽量乘坐公

霾红色预警信号

共交通工具出行，减少小汽车上路行驶；外出归来后，要立即清洗唇、鼻、面部及裸露的肌肤。

8.“清肺食物”——靠谱不靠谱？

雾霾和 PM2.5 影响健康已是众所周知，那么能不能通过饮食减少吸入肺部的 PM2.5 危害呢？

常见的“清肺食物”有梨、百合、萝卜、木耳（尤其是银耳）以及罗汉果茶等。但是，所谓的“清肺食物”只能减少吸入肺部的 PM2.5 对肺功能的损害，并不能清除进入肺部的 PM2.5，即只能治“标”而不能治“本”。要抵御 PM2.5 对肺部的危害，归根结底还是要从我做起，减少大气污染，减少雾霾和 PM2.5 的产生！

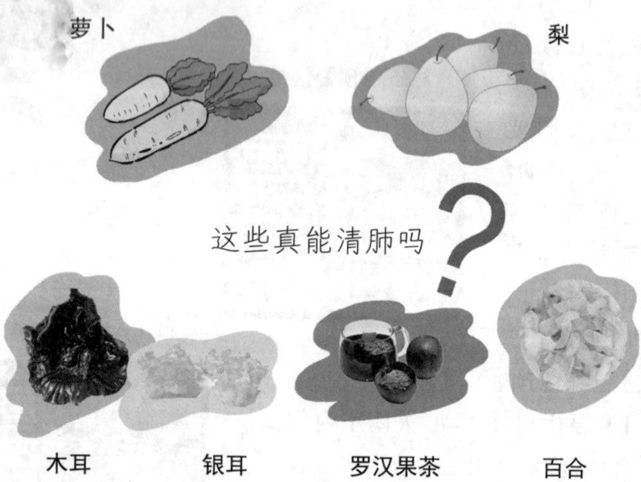